Reinaldo Hanoi Valdes-Reinoso
Enrique Orestes Santos
Bertha R. Castillo Edua

Mulch: cobertura vegetal

Reinaldo Hanói Valdes-Reinoso
Enrique Orestes Santos
Bertha R. Castillo Edua

Mulch: cobertura vegetal

Para mejorar la resiliencia climaticaen Olive
Land Farms

Editorial Académica Española

Imprint
Any brand names and product names mentioned in this book are subject to trademark, brand or patent protection and are trademarks or registered trademarks of their respective holders. The use of brand names, product names, common names, trade names, product descriptions etc. even without a particular marking in this work is in no way to be construed to mean that such names may be regarded as unrestricted in respect of trademark and brand protection legislation and could thus be used by anyone.

Cover image: www.ingimage.com

Publisher:
Editorial Académica Española
is a trademark of
Dodo Books Indian Ocean Ltd. and OmniScriptum S.R.L publishing group

120 High Road, East Finchley, London, N2 9ED, United Kingdom
Str. Armeneasca 28/1, office 1, Chisinau MD-2012, Republic of Moldova, Europe
Managing Directors: Ieva Konstantinova, Victoria Ursu
info@omniscriptum.com

Printed at: see last page
ISBN: 978-620-0-03978-1

Autores:

Dr. C. Reinaldo Hanoi Valdés Reinoso

Enrique Orestes Santos

Dr. C. Bertha Rita Castillo Edua3,

Mulch: cubierta vegetal para mejorar la resiliencia climática en Olive Land Farms.

Autores:

Dr. C. Reinaldo Hanoi Valdés Reinoso[1], Enrique Orestes Santos[2] Dr. C. Bertha Rita Castillo Edua[3],

[1]Doctor en Ciencias Forestales. Colaborador del Proyecto 8470. Hastings La Florida ORCID   reyvr1806@gmail.com (ORCID 0000-0003-3582-0239)

[3]Co fundador y Vicepresidente de Premium BlendCocktails. Jefe del Proyecto 8470. Hastings La Florida hsantos@gmail.com (ORCID: 0009-0003-9922-1857)

[2]Doctora en Ciencias Forestales. Facultad de Ciencias Forestales. Universidad de Pinar del Río "Hermanos Saiz Montes de Oca". Cuba. castillobertharita@gmail.com (ORCID 0000-0002-8011-0175)

RESUMEN

El cambio climático global es uno de los desafíos más urgentes de nuestros tiempos, con impactos generalizados en los ecosistemas, la agricultura y la seguridad alimentaria. El aumento de las temperaturas globales, los cambios en los patrones de precipitaciones y una mayor frecuencia de fenómenos meteorológicos extremos, como sequía, inundaciones y olas de calor, están afectando la productividad agrícola en todo el mundo.

El mulching, también conocido como cobertura vegetal, es una técnica utilizada en la agricultura orgánica para proteger y nutrir el suelo de manera natural.

El presente libro tiene el objetivo de desarrollar conocimientos y fortalecer habilidades sobre el uso del mulch para el crecimiento y desarrollo de los cultivos, haciendo énfasis en los olivos, de manera tal que les permitan mejorar los niveles productivos y reducir indirectamente el uso de plaguicidas en el manejo de los cultivos en La Florida.

La importancia socioeconómica del olivo se atribuye principalmente a la producción de aceite de oliva, que es la principal fuente de grasa en la dieta mediterránea.

En la granja Olive Land Farms la aplicación de mulch como práctica de manejo presenta aspectos beneficiosos en capturar el dióxido de carbono (CO_2) atmosférico, almacenarlo en el suelo e incrementar el contenido de materia orgánica.

El olivo es un cultivo sensible al exceso de humedad en el suelo y cuando esto sucede las plantas reaccionan con caída de hojas, amarillamiento y poco desarrollo. Una de las prácticas de manejo para contribuir a su resiliencia es la aplicación del mulch como cobertura vegetal.

Palabras clave: Mulch, cobertura vegetal, olivos, agricultura orgánica

ABSTRACT

Global climate change is one of the most pressing challenges of our time, with widespread impacts on ecosystems, agriculture, and food security. Rising global temperatures, changing rainfall patterns, and an increased frequency of extreme weather events, such as drought, floods, and heatwaves, are affecting agricultural productivity around the world. Mulching, also known as mulching, is a technique used in organic agriculture to protect and nourish the soil naturally. The objective of this book is to develop knowledge and strengthen skills on the use of mulch for the growth and development of crops, with an emphasis on olive trees, in such a way that they can improve production levels and indirectly reduce the use of pesticides in crop management in Florida.

The socio-economic importance of the olive tree is mainly attributed to the production of olive oil, which is the main source of fat in the Mediterranean diet. At Olive Land Farms, the application of mulch as a management practice has beneficial aspects in capturing atmospheric carbon dioxide (CO_2), storing it in the soil and increasing the content of organic matter. The olive tree is a crop sensitive to excess moisture in the soil and when this happens the plants react with leaf drop, yellowing and little development. One of the management practices to contribute to their resilience is the application of mulch as a vegetation cover.

Keywords: Mulch, vegetation cover, olive trees, organic agriculture

RESUMO

As alterações climáticas globais são um dos desafios mais prementes do nosso tempo, com impactos generalizados nos ecossistemas, na agricultura e na segurança alimentar. O aumento das temperaturas globais, a mudança dos padrões de precipitação e o aumento da frequência de eventos climáticos extremos, como secas, inundações e ondas de calor, estão afetando a produtividade agrícola em todo o mundo. O mulching, também conhecido como mulching, é uma técnica utilizada na agricultura orgânica para proteger e nutrir o solo naturalmente. O objetivo deste livro é desenvolver conhecimentos e fortalecer habilidades sobre o uso de cobertura morta para o crescimento e desenvolvimento de culturas, com ênfase nas oliveiras, de forma que elas possam melhorar os níveis de produção e, indiretamente, reduzir o uso de pesticidas no manejo de culturas na Flórida. A importância socioeconómica da oliveira é atribuída principalmente à produção de azeite, que é a principal fonte de gordura na dieta mediterrânica. Na Olive Land Farms, a aplicação da cobertura morta como prática de gestão tem aspetos benéficos na captura de dióxido de carbono atmosférico (CO_2), armazenando-o no solo e aumentando o teor de matéria orgânica. A oliveira é uma cultura sensível ao excesso de humidade no solo e quando isso acontece as plantas reagem com queda de folhas, amarelecimento e pouco desenvolvimento. Uma das práticas de manejo para contribuir para a sua resiliência é a aplicação de cobertura vegetal morta como cobertura vegetal.

Palavras-chave: Cobertura vegetal, coberto vegetal, oliveiras, agricultura biológica.

Contenido

INTRODUCCIÓN

En la actualidad el cambio climático pone en peligro el suministro de bienes y servicios de los ecosistemas derivados de los recursos naturales esenciales para los medios de vida y la seguridad alimentaria, la sostenibilidad ambiental y el desarrollo nacional.

En este sentido, el uso sostenible de los recursos naturales ha cobrado auge en las agendas de los sistemas de gobierno a nivel internacional, ya que el hombre ha logrado hacer conciencia que un mal uso de los recursos disponibles podría ocasionar graves daños al ambiente y afectar el potencial productivo del mismo.

El suelo no solo nos proporciona el 95% de los alimentos que consumimos, sino que silenciosamente también nos aporta casi todos los servicios y las funciones de los ecosistemas necesarios para la existencia de la vida sobre la Tierra. Esta fina capa del planeta, que los humanos pisamos a diario, también es la responsable de limpiar, filtrar y almacenar agua; reciclar nutrientes; regular el clima y las inundaciones; y eliminar el dióxido de carbono y otros gases de la atmósfera, todo ello a la vez que alberga cerca de un cuarto de las especies animales que habitan la Tierra.

El principal desafío de la gestión sostenible del suelo es alcanzar un equilibrio entre los diversos servicios ecosistémicos que presta el suelo y la necesidad de aumentar la producción de alimentos.

La defensa de los suelos es más importante que nunca, dado que nos enfrentamos a una crisis de alimentos y fertilizantes debido a los retos de la recuperación posterior a la COVID-19, a los conflictos persistentes y al número cada vez mayor de datos que señalan el impacto del cambio climático. Si bien la seguridad alimentaria es un objetivo global que requiere valorar múltiples factores, el estado de la fertilidad del suelo es la piedra angular en la que se basan todos los sistemas de producción agrícola. Y los suelos sanos y bien nutridos son esenciales para alcanzar este objetivo.

Una de las principales dimensiones de la seguridad alimentaria es la producción de alimentos suficientes, que puede promoverse mediante la mejora de la fertilidad inherente del suelo. Nuestro concepto de fertilidad se ha ampliado con el paso del tiempo y ahora se reconoce como la capacidad del suelo de permitir el crecimiento de las especies vegetales proporcionándoles no solo los nutrientes esenciales, sino también las condiciones químicas, físicas y biológicas como hábitat para el crecimiento de las plantas.

Los suelos tienen la extraordinaria capacidad de almacenar, transformar y reciclar los nutrientes que todos nosotros necesitamos para sobrevivir, de modo que permiten que la vida continúe. De los 18 nutrientes que son esenciales para las plantas, 15 los proporciona el suelo, siempre que esté sano. Si las plantas carecen de los nutrientes esenciales no se desarrollan como deberían y disminuyen el rendimiento de los cultivos y el valor nutricional. La carencia crónica de micronutrientes, derivada de suelos y cultivos deficientes en nutrientes, provoca hambre oculta, que ya afecta a más de 2 000 millones de personas en todo el mundo (FAO, 2024)

La agricultura sostenible es un enfoque de la agricultura que se centra en la producción de alimentos y la gestión de los recursos naturales de manera sostenible. Este enfoque tiene en cuenta los impactos ambientales, sociales y económicos de la agricultura, y busca equilibrar la producción de alimentos con la protección del medio ambiente y la promoción del bienestar humano.

Asimismo, se centra en el uso de prácticas agrícolas que son respetuosas con el medio ambiente, eficientes en el uso de los recursos, socialmente justas y económicamente viables. Estas prácticas incluyen el uso de técnicas agrícolas regenerativas, la reducción del uso de agroquímicos, la gestión adecuada del suelo y la protección de la biodiversidad.

Desde el punto de vista económico de la producción agrícola o forestal, sin una adecuada disponibilidad de nutrientes, las plantas no producen de acuerdo con su potencial genético. El logro de una producción rentable pasa por un manejo adecuado de la fertilidad del suelo, asegurando una adecuada disponibilidad de nutrientes para las plantas. Asegurar una buena nutrición a los cultivos conlleva a que las plantas, además de incrementar su producción, puedan enfrentar mejor los problemas sanitarios y ambientales.

En el mundo de la agricultura, la técnica del mulch ha ganado notoriedad debido a los numerosos beneficios que aporta a los cultivos. Es fundamental explorar en detalle cómo lograr el máximo provecho de esta técnica para mejorar el rendimiento y la salud de las plantas. Desde sus tipos y aplicación hasta los factores clave a considerar.

La cubierta vegetal en el olivar ecológico representa una herramienta fundamental para la sostenibilidad y la resiliencia de este sistema agrícola. Sus beneficios son múltiples: mejora la calidad del suelo, protege contra la erosión, aumenta la biodiversidad y favorece la gestión del agua. Sin embargo, el éxito de su implementación depende de un manejo adecuado que tenga en cuenta las particularidades del clima, el suelo y la interacción entre las especies vegetales y el olivo.

A pesar de los desafíos que implica, como la competencia por recursos y los costos de manejo, la cubierta vegetal se presenta como una estrategia clave para la agricultura ecológica y la protección del medio ambiente. Con el enfoque adecuado, los olivares ecológicos con cubierta vegetal pueden convertirse en ejemplos de producción sostenible y de cuidado del entorno, beneficiando tanto a los agricultores como al ecosistema en su conjunto.

El presente libro tiene el objetivo de desarrollar conocimientos y fortalecer habilidades sobre el uso del mulch para el crecimiento y desarrollo de los cultivos (haciendo énfasis en los olivos), de manera tal que les permitan mejorar los niveles productivos y reducir indirectamente el uso de plaguicidas en el manejo de los cultivos en La Florida.

El mismo consta de conceptos básicos, aplicaciones teóricas y prácticas, que ayudarán a crear y afianzar los conocimientos sobre la temática. Esperamos que este material llene las expectativas a los lectores y se convierta en un instrumento por medio del cual adquieran las competencias necesarias para obtener cultivos de mejor calidad y contribuir a la seguridad alimentaria de la localidad. Todo ello promoverá el bienestar de su pueblo, de su comunidad y de su país.

El suelo no solo nos proporciona el 95% de los alimentos que consumimos, sino que silenciosamente también nos aporta casi todos los servicios y las funciones de los ecosistemas necesarios para la existencia de la vida sobre la Tierra.

Capítulo I. Cobertura vegetal. Aspectos generales.

Las cubiertas vegetales son aquellas estructuras vegetales (vivas o muertas) que cubren la superficie del suelo. En general, todas las cubiertas vegetales mejoran la estabilidad y estructura del suelo, aportan materia orgánica y sirven de refugio para polinizadores y enemigos naturales.

Un suelo vivo, sano, equilibrado y bien alimentado va a producir plantas equilibradas y bien nutridas que pueden resistir mejor a enfermedades y plagas, que a su vez proveen los nutrientes y vitaminas necesarias para una buena alimentación. El suelo es el cimiento del sistema alimentario, casi el 100% de los alimentos provienen del suelo. Es la base de la agricultura y el medio en el que crecen casi todas las plantas productoras de alimentos. Si están saludables, producen cultivos sanos que a su vez nutren a las personas y los animales.

El agotamiento y la pérdida de nutrientes suponen daños en la producción, rendimiento y calidad de los cultivos. A las plantas se les deben proporcionar los nutrientes esenciales para su buen crecimiento, y conservar y promover una buena salud del suelo es esencial para la salud de los cultivos.

Al igual que el ser humano, los suelos necesitan un aporte equilibrado y variado de nutrientes, en cantidades apropiadas para estar saludables. La pérdida de nutrienteses uno de los principales procesos de su degradación.

En el marco de las celebraciones mundiales del Día Mundial del Suelo de 2023, la Organización de las Naciones Unidas para la Alimentación y la Agricultura (FAO) subrayó la necesidad de una gestión integrada de este recurso fundamental, así como su conservación, para permitir la adaptación al cambio climático y la mitigación de sus efectos.

"Tenemos que producir más con menos. A medida que procuramos alimentar a una población creciente con mejores alimentos, debemos adoptar prácticas agrícolas sostenibles que preserven y mejoren la salud del suelo", afirmó el Sr. Qu Dongyu, director general de la FAO, "Los suelos saludables almacenan mejor el agua y funcionan como sumideros de carbono, lo que mitiga el cambio climático".

Las plantas sanas y bien nutridas tienen un sistema inmunitario más eficaz, capaz de soportar el estrés causado por el medio ambiente, lo que repercute directamente en la producción de cultivos. Según datos de la FAO, (2022) una gestión sostenible de los suelos podría incrementar hasta un 58% la producción de alimentos, por lo que debemos tener en cuenta aquellos enfoques y medidas agrícolas que promuevan su manejo sostenible.

En zonas con pendientes o lluvias intensas, reducen la erosión del suelo y nutrientes, y permiten la circulación de maquinaria después de importantes lluvias. Estas estructuras pueden llegar a ser el aliado perfecto del productor siempre que se haga una buena planificación y gestión para que no compitan con el cultivo en momentos críticos.

La utilización de cubiertas vegetales tiene múltiples beneficios tanto económicos, como medioambientales y de bienestar personal.

1.1. Aplicación de cobertura vegetal en cultivos agroecológicos.

En la actualidad la agroecología ha adquirido fuerza, debido a la concientización de las personas sobre los efectos nocivos que, para la salud, genera el uso de fertilizantes químicos en la agricultura tradicional.

Se ha dado paso a nuevos procedimientos para el cuidado de los recursos naturales del planeta, entre ellos los suelos, que pueden ser mejorados mediante la implementación de técnicas agroecológicas (Guamán y Mármol, 2023).

Mantener cubierta la superficie del suelo es un principio fundamental en la agricultura ecológica (figura 1). Los residuos de los cultivos se dejan sobre la superficie del suelo, pero puede ser necesario recurrir a cultivos de cobertura si el intervalo de tiempo entre la cosecha de un cultivo y el establecimiento del siguiente es demasiado largo.

Figura 1. Aplicación de cubierta vegetal a las plantas de olivo. Fuente: Elaboración propia.

Según Tencio (2018) la cobertura es una capa de materia orgánica suelta, generalmente compuesta por paja, hierba cortada, hojas, papel, cartón; que se utiliza para cubrir el suelo de las plantas y se coloca entre las hileras para proteger el suelo.

Guamán, Basante, y Mármol (2023) refieren que la cobertura vegetal seca es de gran utilidad para las plantas, evidenciándose diferencias entre aquellas plantas a las que se les aplicó cobertura y las que no.

Además, afirman que es un componente esencial del medio ambiente, ya que juega un papel importante en la regulación del ciclo del agua, la conservación del suelo, la biodiversidad y el equilibrio del ecosistema. Proporciona un hábitat y recursos para la fauna silvestre, ayuda a reducir la erosión del suelo, contribuye a la captura de carbono y nitrógeno. Tiene un impacto significativo en el clima local y regional.

Atul (2018), asevera que la cobertura ayuda al bosque a evitar la erosión, la compactación, a mantener la humedad, a la vida biológica del suelo, sirve de alimento para las lombrices, se convierte en abono para el bosque y sus plantas constituyendo una alternativa saludable y rentable al alcance de todos los agricultores.

Asimismo, Canales y Carrillo (2018), definen la cobertura vegetal como aquella materia orgánica de origen vegetal, incluyendo los residuos y desechos orgánicos, susceptible de ser aprovechada energéticamente.

Las plantas transforman la energía radiante del sol en energía química a través de la fotosíntesis, y parte de esta energía queda almacenada en forma de materia orgánica. Para obtener la cobertura vegetal el agricultor no necesita gastar recursos, simplemente debe utilizar todo lo que está al alcance de su cultivo y transformar la hierba antes no utilizada, ahora en una cobertura con un gran valor para las plantas.

Esta técnica juega un papel fundamental en el equilibrio, la estabilidad de los suelos y proporciona diversos beneficios para microorganismos. Su conservación y restauración son esenciales para garantizar un medio ambiente sano y sostenible para las generaciones presentes y futuras.

Por tales motivos al eliminar la cobertura vegetal del suelo también se elimina el efecto de la fotosíntesis de las plantas, gran parte de los carbohidratos que mueve la planta van hacia las raíces. Al morir, son el primer eslabón para que las bacterias, los hongos y algunos nemátodos comiencen a aprovechar esos azúcares exudados para alimentarse (Carmona, 2023).

1.2. Beneficios de los cultivos con cubierta.

Las plantas con sus sistemas radicales exploran las profundidades del perfil edáfico y pueden tener la capacidad de absorber distintas cantidades de nutrientes y producir varios exudados de raíces (ácidos orgánicos) con un resultado beneficioso tanto para el suelo como para los organismos.

La presencia de una capa de recubrimiento orgánico (inhibe la evaporación de la humedad del suelo y al mismo tiempo proporciona una mayor infiltración de agua en el perfil edáfico. El porcentaje de agua de lluvia que se infiltra depende de la cantidad de cobertura proporcionada. Puesto que los cultivos de cobertura producen diferentes cantidades de biomasa, la densidad de los residuos varía con diferentes cultivos y, por ende, varía la capacidad de incrementar la infiltración de agua.

La cubierta vegetal es importante para proteger el suelo del impacto de las gotas de lluvia, así como para mantener el suelo bajo sombra y con el más alto porcentaje de humedad posible. Se ha visto su importancia para el reciclaje de nutrientes, pero también tienen un efecto físico y, probablemente, aleopático sobre las malezas, rebajando su incidencia y conduciendo a la reducción del uso de agroquímicos y, con ello, de los costos de producción.

Los cultivos de cobertura se utilizan durante los períodos de barbecho, entre la cosecha y la plantación de los cultivos comerciales, aprovechando la humedad residual del suelo. Su crecimiento se interrumpe antes de la siembra del siguiente cultivo o bien después de la siembra de este, pero antes de que comience la competencia entre los dos cultivos.

Asimismo, dinamizan la producción agrícola, y a su vez presentan algunos desafíos al ser útiles para proteger el suelo cuando no está cultivado, suministrar una fuente adicional de materia orgánica para mejorar la estructura del suelo, reciclar los nutrientes (especialmente el fósforo y el potasio) y movilizarlos en el perfil del suelo con el fin de facilitar su disponibilidad para los siguientes cultivos.

Además, actúan como "labranza biológica" del suelo; las raíces de algunos cultivos son pivotantes y capaces de penetrar capas compactadas o muy densas, incrementando la capacidad de percolación de agua del suelo, además de utilizar los nutrientes fácilmente lixiviables (especialmente el nitrógeno).

El uso de una gran variedad de coberturas vivas en los cultivos trae consigo muchos beneficios y diversidad, cada especie tiene su propio microbiota, diversidad de raíces y microbiología (Carmona, 2023).

El monocultivo con el tiempo desgasta los nutrientes del suelo, la fertilidad y las plagas se vuelven más resistentes. En la naturaleza existe una gran diversidad de plantas que traen consigo el beneficio mutuo para todas.

En el caso de plantas perennes que viven por muchos años, es factible colocar la cobertura inmediatamente debajo del tallo de la planta. Después de la cosecha de los cultivos de ciclo corto, es importante no sembrar plantas de la misma familia ahí, sino de otra distinta para que el suelo no se desgaste (Restrepo, 2021).

1.3. Ventajas de la cobertura vegetal en cultivos agroecológicos.

La aplicación de cobertura vegetal en cultivos agroecológicos es una práctica esencial para mejorar la salud del suelo, conservar la humedad, promover la biodiversidad y mejorando la resiliencia al cambio climático, proporcionando las siguientes ventajas:

<u>Conservación del suelo</u>: La cobertura vegetal ayuda a prevenir la erosión del suelo y mejoran la estabilidad y la estructura del suelo: protegen el suelo contra la erosión, porque impiden el golpe directo de la lluvia; mejoran la infiltración, actúan como barrera contra la escorrentía, y sujetan la tierra con las raíces. Además, la existencia de especies con diferentes sistemas radiculares hace que las raíces penetren el subsuelo compactado favoreciendo la formación de macroporos y microporos. Estos aprovecharán como camino o guía para las futuras raíces.

<u>Mejoran el contenido de materia orgánica en el suelo</u>: el aporte de masa vegetal y la mayor diversidad de microorganismos que permite aumentar el contenido de materia orgánica en la capa más superficial del suelo. Además de presentar una mayor disponibilidad de macro y micronutrientes para el cultivo.

<u>Retención de humedad</u>: Ayuda a mantener la humedad del suelo, reduciendo la necesidad de riego frecuente. Mejoran el balance hídrico ya que mejoran el almacenamiento de agua en el suelo al aumentar la infiltración y disminuir la evaporación del agua que se encuentra bajo la cubierta en las épocas más calurosas.

La falta de cubierta vegetal aumenta la incidencia del sol sobre el suelo facilitando la pérdida de agua. Un terreno desprovisto de vegetación está expuesto de forma directa al sol aumentando su temperatura, produciendo la evaporación del agua que contiene y la formación de grietas de desecación en las arcillas y su endurecimiento. Según estudios se encuentran diferencias de temperatura de hasta 20 grados entre una superficie con cubierta vegetal y otra que no la tenga.

<u>Fijación de Nitrógeno</u>: capacidad de fijar el nitrógeno atmosférico con plantas leguminosas, formando simbiosis con bacterias del género de las *Rhizobium*.

<u>Control de malezas y plagas</u>: La cobertura vegetal puede suprimir el crecimiento de malezas y reducir la presencia de plagas. Al realizar un buen manejo de la cubierta vegetal, también se obtiene un efecto beneficioso sobre el control de plagas y enfermedades. El aumento de diversidad conlleva a una mayor variedad de alimentos y microhábitats que favorecen el incremento de enemigos naturales.

<u>Aumento de la biodiversidad</u>: Proporciona hábitats para una variedad de organismos beneficiosos, como lombrices y microorganismos del suelo.

<u>Regulación del microclima</u>: La cobertura vegetal crea microclimas que pueden mejorar las condiciones de crecimiento de las plantas.

<u>Mejora de calidad del aire:</u> A mayor superficie verde, mayor producción de oxígeno en el entorno y además ayuda a fijar el dióxido de carbono (CO_2) atmosférico. Unas 8.7 toneladas de CO_2 por hectárea de cubierta vegetal.

1.3.1. Técnicas de Aplicación

<u>Rotación de cultivos</u>: Alternar diferentes cultivos en el mismo campo para prevenir la acumulación de plagas y enfermedades.

<u>Siembra directa y labranza reducida</u>: Minimiza la perturbación del suelo, conservando la humedad y mejorando la infiltración de agua.

<u>Uso de plantas de cobertura</u>: Siembra de plantas específicas como leguminosas y gramíneas durante los períodos de barbecho.

Las especies de plantas más comunes utilizadas como cultivos de cobertura son las gramíneas, las brasicáceas y las leguminosas/Fabáceas. Cada uno de estos grupos brinda beneficios específicos a los sistemas de cultivo de acuerdo con las diferentes características físicas y químicas de las especies de esos grupos.

Estos aspectos y técnicas son fundamentales para implementar una cobertura vegetal efectiva en cultivos agroecológicos, promoviendo un sistema agrícola más sostenible y saludable.

1.3.4. Clasificación de cubierta vegetales

Existen diferentes clasificaciones de cubiertas vegetales, entre ellas las cubiertas naturales o espontáneas, cubiertas sembradas y las cubiertas vegetales inertes, que son las más conocidas y las más extendidas en cuanto a su uso en la actualidad (Partners, 2022).

<u>Cubiertas naturales o espontáneas</u>

Son cubiertas normalmente temporales y muy heterogéneas. Su composición viene dada por el sistema de riego que se use, el sistema de laboreo o siega, etc.

Es una cubierta adaptada al medio y que necesita muy poco mantenimiento, pudiendo hacer una ligera selección hacia las especies que más nos interesen. Consiste en dejar crecer la vegetación espontánea entre las hileras de árboles, sin realizar selección de gramíneas y no controlarlas mediante siega hasta mediados de marzo.

La ventaja de esta cubierta es el ahorro en costes tales como la semilla y la propia operación de siembra. En principio este tipo de cubierta tiene algunas partes negativas, como que la cubierta vegetal se descompone muy rápido y aporta poca materia orgánica al suelo.

<u>Cubiertas sembradas</u>

Es una alternativa a las cubiertas de vegetación natural o espontánea, que se basa en la siembra de una o varias especies adaptadas al cultivo. El precio de la semilla varía según el tipo de semilla, en muchos casos puede resultar bastante económico. Todo depende del tipo de mezcla que queramos usar.

La ventaja de la siembra de cubiertas, sobre todo los primeros años de agricultura ecológica, es la selección de especies y el mejor control de la cubierta vegetal, ya que se conoce el ciclo de esa o esas plantas. La siembra de cubiertas se recomienda en diversidad de cultivos,tanto ensuelos hayan sido previamente manejados en no laboreo o en aquellos que estén muy erosionados.

Algunas de estas cubiertas también tienen acción Biocida en el suelo, ayudando durante el otoño y el invierno en el control de Nemátodos y Hongos no beneficiosos para nuestros cultivos.

Entre las opciones de este tipo de cubiertas se pueden incluir poáceas cultivadas como: avena, cebada, centeno y espontáneas como: cebadilla, avena loca, entre otras y algunas Fabáceas sembradas como la veza o mezclas de Fabáceas con Poáceas.

<u>Cubiertas vegetales inertes (Mulch o Acolchado)</u>

Es un sistema complementario al de cubiertas vivas. Consiste en el uso de los restos de poda triturados sobre el suelo, y en el caso de frutales sobre las calles del huerto.

Con esta práctica se suprime la operación de quema y además, se producen ciertos efectos positivos en los cultivos, como son: el aumento de la materia orgánica en las capas superficiales del suelo, mayores contenidos de agua y nitrógeno; y mejor estructura de las capas superficiales.

En las plantaciones de secano las cubiertas vegetales inertes consiguen mejores balances de agua y mejor aprovechamiento por el cultivo. El empleo de una cubierta con restos de poda reduce la necesidad de emplear herbicidas para el control de malas hierbas.

Capítulo II. Mulch

El suelo es uno de los recursos naturales más valiosos, es el sustento de la vida, ya que es el medio en el que se desarrollan las plantas que nos alimentan y proporcionan el oxígeno necesario para vivir. Sin embargo, el suelo también es un recurso vulnerable y finito que puede ser dañado por la actividad humana y la erosión.

Invertir en suelos sanos aporta numerosos beneficios, incluidos los relacionados con el clima. Mejorará la productividad, la producción de alimentos más saludables, el almacenamiento de agua y la conservación de la biodiversidad, aumentando así la sostenibilidad y resiliencia de los sistemas agroalimentarios. Para protegerlo y mantener su salud, una de las mejores formas es utilizar cobertura vegetal.

El mulching, también conocido como cobertura vegetal, es una técnica utilizada en la agricultura orgánica para proteger y nutrir el suelo de manera natural.

2.1. Aspectos generales del mulch.

El mulching cuyo nombre en español es "acolchado, en teoría, es una técnica que se basa en una capa de restos tanto de plantas como de materiales acumulados en el suelo.

Ucles (2011) señala que el acolchamiento de suelos (comúnmente conocido como mulch o mantillo) es una técnica muy antigua que consiste en colocar materiales como paja, aserrín, capotillo de arroz, papel, cubriendo el suelo, con la finalidad de proteger al cultivo y al suelo de los agentes atmosféricos, promover cosechas precoces, aumentar rendimientos y evitar contacto del producto con el suelo.

Tencio (2018), refiere que la cobertura es una capa de materia orgánica suelta, generalmente compuesta por: paja, hierba cortada, hojas, papel, cartón; se utilizan para cubrir el suelo de las plantas; y se coloca entre las hileras de las plantas para proteger el suelo. Además, afirma que la cobertura vegetal seca es de gran utilidad para las plantas, ya que existe una gran diferencia entre aquellas que se les aplicó cobertura y las que no.

El Mulch o cobertura orgánica es una capa de materia orgánica suelta conformada por restos de alguna especie vegetal, como paja seca, hierba cortada, hojas, etc. Que se utiliza para cubrir el suelo que rodea la base de las plantas, o entre las hileras donde están sembradas los cultivos para proteger el suelo del ataque de malezas, de la evaporación del agua, entre otros (figura 2).

Figura 2. Depósito de Mulch de la granja Olive Land Farms.   Fuente . Elaboración propia.

Su principal objetivo es mejorar las condiciones del suelo y apoyar el crecimiento saludable de las plantas en general, son restos en trozos que van a formar una capa compacta en el suelo (Díaz, 2024).

Existen dos tipos principales de mulch o acolchado del suelo. Uno de ellos es el mulch plástico y el otro es denominado mulch orgánico.

2.2. Clasificación del Mulch.

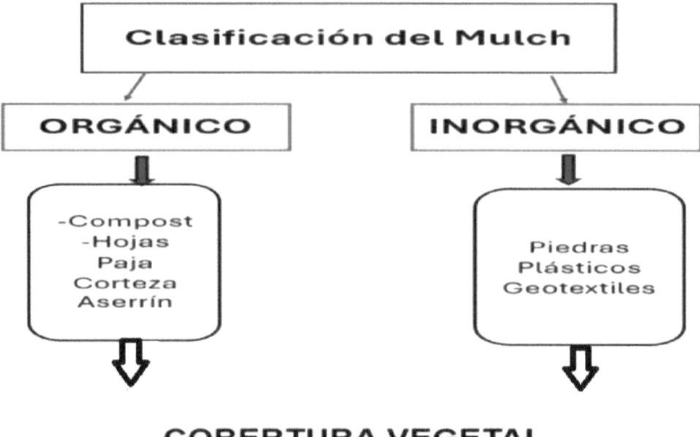

Figura 3. Tipos de mulch. Fuente: Elaboración propia.

2.2.1. Mulch orgánico

El mulch orgánico utiliza materiales exclusivamente orgánicos, como compost, turba, mantillo de hojas, estiércol descompuesto, paja, aserrín, cortezas, astillas de madera o recortes secos de césped.

Algunos ejemplos de mulch orgánico:

Compost: El compost orgánico se elabora a partir de residuos orgánicos como restos de cocina, hojas, ramas y otros desechos vegetales. Este tipo de mulch no solo cubre y protege el suelo, sino que también lo enriquece a medida que se descompone.

Es una opción excelente para mejorar la salud del suelo y promover el crecimiento de las plantas, es una capa de material orgánico descompuesto que se coloca sobre el suelo.

Entre los beneficios que provee el uso del compost se pueden mencionar, mejora la fertilidad del suelo aportando nutrientes esenciales que son absorbidos por las plantas, retiene la humedad ayudando a mantener el suelo húmedo al reducir la evaporación y, el control de malezas que cubre el suelo limitando su crecimiento.

Además, el compost mejora la estructura del suelo al aumentar la capacidad de retención de agua, mejorando la aireación, así como, la estimulación de la actividad microbiana, fomentando la presencia de microorganismos beneficiosos en el suelo.

La preparación del compost se desarrolla en diferentes etapas:

Etapa 1: Recolección de materiales.

En esta primera etapa se recolectan los materiales constituidos por materiales verdes (residuos de frutas y verduras, recortes de césped, restos de café) y materiales marrones (hojas secas, ramas pequeñas, paja, cartón, entre otros).

Etapa 2: Construcción de la pila de compostaje.

La pila de compostaje se construye en forma de capas a partir de los materiales recolectados, se deben colocar capas alternadas de materiales verdes y marrones y, es importante asegurarse de que haya suficiente oxígeno en la pila, volteándola regularmente.

Etapa 3: Mantenimiento

En esta etapa es fundamental mantener el control de la humedad, conservando la pila húmeda similar a una esponja exprimida. Además, se deja que la pila se descomponga durante varios meses hasta que el material se convierta en un compost oscuro y desmenuzable.

El compost mulch se usa en:

- Huertos Urbanos: Mejora la productividad de los huertos urbanos al mantener la humedad y enriquecer el suelo.

- Jardines ornamentales: Aporta nutrientes y mejora el aspecto visual de los jardines.

- Cultivos de frutas y hortalizas: Ayuda a mejorar el rendimiento y la calidad de los cultivos.

El compost orgánico es una herramienta poderosa para cualquier jardín o cultivo, promoviendo un ambiente más saludable y sostenible para las plantas.

Materiales que conforman el compost:

Hojas (hojas secas trituradas):   son un excelente material para elaborar compost debido a su alta proporción de carbono.

Uso y beneficios de hojas secas en el compost.

Las hojas secas tienen beneficios al ser utilizadas en la elaboración del compost, entre ellos se pueden mencionar la alta proporción de carbono, lo cual es necesario para equilibrar los materiales ricos en nitrógeno en la pila de compost, ello ayuda a que los microorganismos descompongan la materia orgánica de manera más eficiente.

Son ricas en nitrógeno, fósforo y potasio, por lo que al descomponerse, enriquecen el suelo haciéndolo mas fértil. También actúan como retentores de humedad y fijadores de suelo, evitando con ellos arrastre de tierra suelta y controlando la degradación del terreno.

Además, son fáciles de obtener (especialmente en otoño) y mejoran la estructura del compost al ayudar a mantener la pila aireada,lo que mejora la estructura del compost.

Para utilizar hojas secas en el compost se deben tener en cuenta los siguientes pasos:

1. Recolección de hojas secas:

   - Época de recolección: las hojas se recogen durante el otoño cuando hay abundancia.

   - Tipos de hojas: se pueden utilizar hojas de diferentes árboles, como roble, arce, fresno entre otros.

2. Preparación de las hojas:

   - Triturar las hojas: las hojas se deben triturar para acelerar el proceso de descomposición. Puedes hacerlo utilizando una cortadora de césped o una trituradora de hojas.

   - Almacenamiento: Si no se van a usar inmediatamente, se almacenan las hojas secas en bolsas de malla o contenedores aireados para evitar que se mojen y se pudran.

3. Mezcla de las hojas en la pila de compost:

   o Capas alternadas: alternar capas de hojas secas (carbono) con materiales verdes (nitrógeno) como restos de cocina y césped cortado.

   o Proporción carbono-nitrógeno: Mantener una proporción aproximada de 2:1 (dos partes de hojas secas por una parte de materiales verdes).

4. Aireación y humedad:

   o Volteo regular: Voltear la pila de compost regularmente para asegurar una buena aireación y acelerar la descomposición.

   o Humedad adecuada: Mantener la pila de compost húmeda, similar a una esponja exprimida. Si la pila está seca, añade un poco de agua.

Consejos adicionales

- Evitar hojas con productos químicos: no se debe usar hojas que hayan sido tratadas con pesticidas o herbicidas.

- Incorporar otros materiales: se pueden usar otros materiales ricos en carbono como cartón triturado o paja para mejorar la diversidad del compost.

- Tiempo de descomposición: Las hojas trituradas se descomponen más rápidamente que las hojas enteras, por lo que tendrás compost listo en menos tiempo.

Utilizando hojas secas en la pila de compost no solo se enriquecerá el suelo del jardín, sino que también se estará aprovechando un recurso natural que de otra manera podría desecharse.

La ventaja de estos tipos de mulch o acolchados es que además proporcionan mejoras al suelo en fertilidad.

Por ejemplo, un acolchado de cortezas de pino no solo protege los suelos, sino que también los acidifica. También se puede usar un acolchado de ramas trituradas de plantas que estén sanas y libres de enfermedades. Otra forma de realizar el acolchado es aplicar una fina capa de recortes secos de césped o usar las hojas que caen de los árboles caducifolios.

Otro tipo de *mulching* orgánico que queda muy bien es el de astillas y cortezas de madera, pero con al menos dos años de antigüedad, ya que la corteza joven suele absorber el nitrógeno del suelo al descomponerse (figura 4).

Figura 4. Mulch orgánico.

El *mulching* orgánico es siempre el más recomendable, ya que se descomponen y aportan mejoras adicionales al suelo, como el aporte de nutrientes.

2.2.2. Mulch inorgánico

Este tipo de *mulching* utiliza materiales inorgánicos, como gravilla, grava, marmolina, cerámica triturada, arcilla expandida, roca volcánica o piedras en general. Sin embargo, estos tipos de materiales no aportan las mejoras de los orgánicos.

Los acolchados o mulching hechos con piedras resultan adecuados en terrenos con pendientes y alrededor de bajadas de agua.

El mulch inorgánico, como el plástico o la tela de paisaje, es duradero y resistente a la descomposición. Es especialmente útil en áreas donde se desea reducir el crecimiento de malezas y conservar la humedad. Además, refleja la luz solar, lo que puede beneficiar a las plantas que necesitan temperaturas más frescas.

2.2.3. Factores clave para un uso exitoso del mulch.

Tipo de cultivo: al elegir el tipo de mulch se deben considerar las necesidades específicas de los cultivos. Por ejemplo, cultivos de raíces superficiales como las fresas pueden beneficiarse de mulch orgánico, mientras que cultivos más resistentes pueden aprovechar el mulch inorgánico.

Clima y zona: el clima local también influye en la elección del mulch. En climas más cálidos, el mulch ayuda a conservar la humedad y proteger las raíces del calor excesivo.

Control de malezas: el mulch también actúa como una barrera contra las malezas, reduciendo la competencia por nutrientes y agua. Esto es especialmente importante, en jardines donde el crecimiento de malezas es un problema común.

Consideraciones estéticas: además de sus beneficios funcionales, el mulch puede mejorar la estética del jardín. Al elegir entre mulch orgánico e inorgánico, se debe considerar, cómo se integran con el diseño general del espacio.

Diagrama de aplicación del mulch (figura 5)

Figura 5. Diagrama de aplicación del mulch.

El uso adecuado del mulch puede marcar una diferencia significativa en la salud y el rendimiento de los cultivos. Ya sea que optes por mulch orgánico o inorgánico, aplicarlo correctamente y considerar los factores clave ayudará a obtener los mejores resultados. Mejora la retención de humedad, controla las malezas y crea un ambiente propicio para el crecimiento saludable de las plantas.

2.3. Importancia y Beneficios del Mulch

El mulch es una práctica ampliamente utilizada en jardinería y agricultura debido a sus múltiples beneficios para el suelo y las plantas.

El acolchado orgánico se trata de materiales que se desintegran en el suelo, transformándose en residuo que es apto para alimentar a las plantas. Su principal función es la de mejorar las propiedades del suelo. Evita el nacimiento y desarrollo de malezas, reduce las operaciones de control no químico. Además, la descomposición del producto de acolchado genera calor que resulta beneficioso para las plantas, en especial al inicio de la primavera. El espesor del acolchado orgánico no debe ser menor de 5 cm ni mayor de 10 cm, para permitir el pasaje de las lluvias o el agua de riego. En meses fríos, disminuyen la amplitud y frecuencia de las fluctuaciones de temperatura entre el día y la noche, ayudando a evitar que la planta sufra enfermedades causadas por hongos u otros patógenos.

Embellece, dándole una imagen cuidada y armoniosa a nuestro espacio jardín. Otro punto a destacar es su capacidad de mantener una humedad uniforme, evitando transpiraciones mayores si el sol diera constantemente en el suelo seco. De la misma manera, lograr una pequeña capa seca en la superficie cuando el clima sea húmedo evita en gran medida la aparición de ciertos hongos.

Destacan una buena cantidad de nutrientes entre los servicios ecosistémicos proporcionados para las hojas. En su descomposición contiene elementos esenciales para las plantas y que dan resultados de importancia nutricional y estructural, además se brindan en la cantidad requerida y con un contenido variable de agua.

A medida que el mulch se descompone y aumenta el contenido en la capa superficial del suelo, aumentan los nutrientes disponibles para las plantas. Los distintos tipos de mulch pueden aportar distintas cantidades de este elemento. En el caso de las astillas de madera provenientes especialmente de ramas verdes, estas van a inmovilizar nitrógeno en el suelo para poder descomponerse. Instalar un acolchado orgánico en el jardín tiene la clara ventaja de aumentar el aporte de nutrientes al suelo. Las plantas que generan mulch lo hacen con un alto nivel de energía y con material muy fresco.

Investigaciones del mulch como cubierta vegetal

Diversas han sido las investigaciones que se han desarrollado referidas al uso del mulch como cubierta vegetal, entre las que se pueden mencionar:

La Fundación Global Nature trabajó en el Proyecto AgriAdapt que evalúa los beneficios del uso de mulch en la agricultura para enfrentar el cambio climático. La técnica de mulching se ha implementado en parcelas de cereal en siembra directa, mostrando efectos positivos en la retención de humedad y la mejora de la calidad del suelo.

El Instituto de Investigaciones Agropecuarias (INIA) elaboró un "Manual de manejo de huerto de olivo", coordinado por Marcelo Zolezzi y Patricio Abarca, recopila información técnica y económica sobre el manejo del huerto de olivos, incluyendo el uso de materia orgánica y mulch.

El "Rincón del Huerto Urbano" publicó la Guía completa sobre el uso del mulch, este artículo explora cómo optimizar el uso del mulch en los cultivos, incluyendo el cultivo del olivo. Proporciona detalles sobre los tipos de mulch, su aplicación y los factores clave a considerar.

Sertecriego publicó un artículo titulado" Beneficios y cómo hacer un mulch". Este recurso ofrece información sobre cómo aplicar mulch correctamente, incluyendo la distribución uniforme y el grosor adecuado de la capa de mulch.

Estos recursos pueden proporcionar una base sólida para entender cómo aplicar mulch en el cultivo del olivo y los beneficios asociados. Crear mulch de calidad implica considerar varios aspectos fundamentales.

Guía para la elaboración del Mulch

I. Selección del material, se clasifican en orgánico e inorgánico.

Material orgánico: Utiliza residuos de plantas, hojas, paja, aserrín, corteza de árboles, compost, entre otros.

Material inorgánico: Piedras, plásticos, geotextiles.

II. Preparación del Material

Trituración: Es importante asegurarse de triturar los materiales grandes como ramas y corteza para facilitar su descomposición.

Compostaje: Si se usan materiales que podrían fermentar y generar calor, es recomendable compostarlos previamente.

III. Equilibrio de Nutrientes

Carbono y Nitrógeno: Se debe mantener un equilibrio entre materiales ricos en carbono (hojas secas, paja) y nitrógeno (residuos de cocina, césped cortado).

IV. Humedad del Mulch

Niveles óptimos: El mulch debe estar ligeramente húmedo, pero no mojado, para evitar problemas de moho y descomposición anaeróbica.

V. Grosor de la capa

Aplicación: Se coloca una capa de mulch de entre 5 a 10 cm de espesor para asegurar una cobertura adecuada sin sofocar las plantas.

VI. Periodo de aplicación

Estacionalidad: Se aplica en primavera u otoño para proteger las plantas durante las estaciones de crecimiento y descanso.

VII. Área de aplicación

Aislamiento de tallos dejando un pequeño espacio alrededor de los tallos de las plantas para evitar la pudrición.

VIII. Revisión y reposición

Mantenimiento: Revisar periódicamente el estado del mulch y reponerlo según sea necesario para mantener su efectividad.

Beneficios Adicionales

- Atracción de organismos beneficiosos: El mulch orgánico atrae lombrices y otros organismos que mejoran la calidad del suelo.

- Mejora estética: Aporta un aspecto ordenado y atractivo a los jardines y áreas verdes.

- Retención de nutrientes: Reduce la lixiviación de nutrientes esenciales del suelo.

Capítulo III. El mulch como cobertura vegetal en olivos de la granja Olive Land Farms

3.1. El olivo

El olivo (*Olea europaea*) es nativo de la región sur del Cáucaso, las altiplanicies de Mesopotamia, Persia y Palestina, incluyendo la costa de Siria, y por supuesto, de la cuenca mediterránea (España, Italia, Grecia). Se cultivó por primera vez hace alrededor de 7.000 años en todo el Mediterráneo, y en el 3000 a.C. se cultivaba en la isla griega de Creta, y se cree que el olivo fue la fuente principal de su riqueza.

Reconocido por su fruto, las olivas, se utilizan para producir aceite de oliva, aderezos, encurtidos, entre otros usos culinarios. La variedad silvestre recibe el nombre de olivo borde o acebuche.

Es uno de los árboles frutales más antiguos utilizados por el hombre, se trata de un árbol perennifolio, longevo, que puede llegar a los 15 m de altura, con copa ancha y tronco grueso de aspecto retorcido.

Su corteza es de color gris o plateado. Tiene las hojas opuestas, de 2 a 8 cm de largo, lanceoladas, enteras, coriáceas y de color verde gris oscuras por el haz, más pálidas y densamente escamosas por el envés, con un peciolo muy corto o invisible.

Dentro de la especie se distinguen dos principales subespecies: *Olea europeae* subespecie *oleaster* y el *Olea europea* subespecie *sativa*. Ambas cultivadas por el aceite y por sus frutos.

En total, se han catalogado alrededor de 200 variedades de olivos. Cada una con características únicas que las hacen aptas para diferentes propósitos como la producción de aceite o para consumo directo. Algunas de las variedades más populares son Picual, Arbequina y Manzanilla.

Cada variedad tiene un distinto sabor, aroma y textura al disfrutar de sus olivas o de su aceite, por lo que la elección del tipo de olivo que se va a cultivar depende de los objetivos del productor y del lugar donde se siembre, que influye en el desarrollo del árbol.

Figura 6. Frutos de olivos (aceitunas)

Los olivos llegan a la madurez dos años después de ser sembrados, generalmente miden alrededor de un metro y medio o dos metros y empiezan a dar los primeros frutos en verano; los árboles jóvenes dan frutos de mejor calidad por su sabor y tamaño generalmente se destinan al consumo, cuando los árboles envejecen después de 10 a 15 años, los frutos se reducen en tamaño y se destinan a la producción de aceite.

El color de las aceitunas varía dependiendo de su variedad, madurez y proceso de elaboración:

1. Aceitunas verdes

Color: Verde intenso a verde amarillento.

Cosecha: Se recolectan antes de madurar, cuando están firmes.

Sabor: Más amargo y ácido, con textura más firme.

Variedad	Color	Características
Manzanilla	Verde claro	Pequeñas, redondas, sabor suave y textura firme.
Hojiblanca	Verde brillante	Ligero amargor y textura firme.
Aloreña	Verde amarillento	Sabor suave, típica de Málaga.

2. Aceitunas moradas o marrones

Color: Desde tonos marrones, púrpura, hasta rojizo.

Cosecha: Se recolectan en una fase intermedia de maduración.

Sabor: Menos amargo, con sabor más equilibrado.

Variedad	Color	Características
Cacereña	Marrón violáceo	Sabor equilibrado y textura carnosa.
Empeltre	Marrón rojizo a púrpura	Sabor dulce y suave.
Arbequina	Marrón oscuro	Pequeñas, con sabor suave y dulce.

3. Aceitunas negras

Color: Negro, marrón oscuro o violeta.

Cosecha: Se recogen en su estado de madurez completa.

Sabor: Más suave, menos amargo, y la textura es más blanda.

Variedad	Color	Características
Kalamata	Negro violáceo	Alargadas, sabor intenso y textura jugosa
Picual	Negro a marrón oscuro	Sabor intenso, muy apreciada para aceite de oliva
Gordal	Negro marrón	Grande, carnosa, con textura suave

El color también puede ser alterado por métodos de conservación, como en las aceitunas negras que a veces son tratadas con soluciones alcalinas para oscurecerlas artificialmente.

El color de las aceitunas está estrechamente relacionado con la variedad de la aceituna y su grado de maduración. Aquí tienes algunas de las variedades más conocidas y sus colores típicos:

Son aceitunas que han madurado completamente en el árbol, o en algunos casos, se oscurecen mediante tratamiento.

Factores que influyen en el color:

Madurez: Las aceitunas verdes son inmaduras, mientras que las negras son completamente maduras.

Tratamiento: Algunas aceitunas negras pueden ser tratadas con soluciones alcalinas para oscurecerse artificialmente.

Región: El clima y el suelo también afectan el color y sabor.

Los árboles de olivo no se dan a partir de las semillas de las aceitunas, requieren de especiales cuidados al inicio por lo que se pueden adquirir en un almacén especializado donde han crecido in- vitro o se pueden plantar a raíz o por medio de una rama que debe ser cortada diagonalmente de un árbol maduro no mayor de 10 años (Figura xxx). Se recomienda sembrar los nuevos arbustos en otoño en debido a la humedad de la tierra y al clima.

Figura 7. Vivero de olivos. Fuente: Elaboración propia

3.2. Vulnerabilidad del olivo al cambio climático.

Los árboles de olivo se adaptan bastante bien en las regiones mediterráneas por sus condiciones de salinidad, temperatura y humedad, sin embargo, no son exclusivos de estas zonas ya que también se dan bastante bien en otras regiones.

El 77 % de la superficie mundial de olivares es en secano y el 23 % es de bajo riego (Vilar *et al.,* 2018). Con esto en cuenta, la evaluación de recursos hídricos no convencionales y las técnicas de ahorro de agua han ganado importancia durante las últimas décadas en ambientes áridos y semiáridos (Romero-Trigueros *et al.*, 2019).

En regiones áridas y semiáridas, la vulnerabilidad al cambio climático, combinada con la sobreexplotación de los recursos hídricos, está poniendo en peligro la seguridad alimentaria y, el olivo no es ajeno a esta problemática (Abahous *et al.*, 2021), por lo tanto, los olivares representan un sistema agrícola clave con un gran protagonismo económico y medioambiental (Lombardo *et al.*, 2021; Mairech *et al.*, 2021).

El incremento de la temperatura, en alrededor de 3 °C en condiciones invernales suaves, podría generar valores negativos de margen neto y productividad del agua de riego (Cabezas *et al.*, 2021).

Desde los primeros años del descubrimiento de América, fue manifiesta la idea de aclimatar cultivos del viejo mundo en los nuevos territorios americanos y, con ellos, la tecnología de su explotación (Henríquez, 2003). El olivo fue trasladado desde Europa a partir del año 1519 a la América colonial y se reportaron los primeros proyectos de aclimatación (Martínez, 2015).

Las condiciones agroecológicas y los impactos climáticos que provocan el aumento de las temperaturas y precipitaciones en Hasting La Florida, causan la compactación y erosión de los suelos en Olive Land Farms.

En este sentido, se aplican diferentes prácticas de manejo de suelos para el cultivo del olivo. Para responder a estos efectos, en la granja se da tratamiento a las inundaciones implementando un sistema de zanjas de drenaje (figura 8).

Zanjas de drenaje

Figura 8. Zanjas de drenaje

Asimismo, se está trabajando en la reforestación con diferentes variedades de olivo. El uso del mulch o acolchado es aplicado en el olivar como práctica para preservar la calidad del suelo y evitar su degradación, con otros beneficios medioambientales. En la granja se utiliza los cultivos como mantillo para añadir materia orgánica al suelo una vez finalizado el ciclo de cultivo.

Figura 9. Aplicación del mulch en olivares.

Exigencias edáficas del olivo

Se puede reconocer que el olivo es una planta fuerte, resistente y por ello en oportunidades se dice que es una muy rústica, capaz de adaptarse a todo tipo de suelo, incluso aquellos caracterizados como suelos oligotróficos, es decir, de baja fertilidad.

No obstante, a pesar de ello, prefiere suelos con condiciones texturales clasificadas como franco arenosas, este tipo de suelos presenta porcentajes similares en contenido de arcilla, limo y arena, siendo esta último en porcentajes un poco por encima de las dos primeras.

Los suelos profundos les permiten un desarrollo radicular que favorece el desarrollo del olivo y además una de las condiciones más importantes en referencia a los suelos es que deben ser suelos bien drenados, ya que el olivo es sensible a suelos que se saturen de agua por tiempo prolongado. En cuanto a los niveles de pH prefiere suelos calizos o de pH básicos, aunque no tiene problemas si los suelos presentan pH ligeramente ácidos.

El olivo es poco exigente en suelos cuando cuenta con una cantidad de agua suficiente, pero no excesiva. Para un buen desarrollo de la planta, en zona áridas y semiáridas el suelo debe ser muy permeable en profundidad y su capacidad hídrica debe ser muy baja para que así el agua infiltre rápidamente hasta un nivel profundo y quede almacenada para el periodo estival.

Las anteriores condiciones la cumplen los suelos ligeros y arenosos. En climas más húmedos el suelo debe ser franco, más bien ligeros en las capas superficiales de modo que eliminen bien el exceso de agua. El olivo se adapta bien en terrenos pobres, pero se deben rechazar los arcillosos pobres en nutrientes debido a que las raíces no se desarrollan suficientemente. El poder amortiguador de la arcilla, quita a las raíces elementos con fertilizantes y es muy difícil llegar a su nivel abonos fosfatados y potásicos que se fijan en la superficie.

Es importante saber que, aunque existen variedades diferentes, todas las especies de olivos requieren condiciones de clima y suelo específicas para su crecimiento y óptimo desarrollo, lo que permite su adaptabilidad a diversas regiones y climas en todo el mundo.

El olivo es un cultivo de clima mediterráneo, caracterizado por un bajo régimen precipitaciones que se reparten irregularmente en tiempo e intensidad (Barranco *et al.,* 2017, Lorite *et al;* 2019). Por ello, la escasez de agua es el principal factor limitante de la productividad del olivar.

Paradójicamente, el agua también causa serios perjuicios cuando acontece persistentemente o con fuerte intensidad, hechos estos que suceden con relativa frecuencia, como es el caso del Estado La Florida, donde se producen intensas lluvias como consecuencias del cambio climático, que conllevan a intensos períodos de encharcamiento en los suelos de la región (Orestes-Santos *et al.,* 2024).

El encharcamiento es provocado por las inundaciones que son desbordamientos de agua temporales hacia terrenos que normalmente están secos. Son el tipo de desastre natural más común en los Estados Unidos, producen importantes pérdidas de nutrientes hidrosolubles y dificultan la absorción de algunos minerales desde el suelo. Además, la falta de oxígeno resulta muy perjudicial para la población microbiana (y aeróbica) del suelo (Salgado *et al.,* 2019).

Se ha comprobado que el olivo es sensible al encharcamiento y temperaturas inferiores a -10°C (Camacho, 2019). El daño que produce una inundación sobre los cultivos es siempre proporcional al tiempo de permanencia del agua en la parcela cultivada, pero la resistencia del cultivo varía en función de varios criterios como: la especie, la edad de la planta; estado fisiológico y la frecuencia de las inundaciones (a mayor frecuencia mayor daño, por acumulación de efectos).

La variabilidad de la humedad del suelo afecta directamente el crecimiento de las plantas, con una baja absorción de agua se reduce también la absorción de nutrientes y el cultivo lo expresa en una menor tasa de crecimiento y por ende menor rendimiento.

La mayoría de los suelos de Florida tienen poca materia orgánica y, por lo tanto, se mejoran al añadir composta de estiércol de animales, hojas en descomposición, composta de hongos, mezclas de tierra comerciales (mercadeados como pottingmix) o cultivos de cobertura.

En el pequeño poblado de Hastings ubicado en el estado La Florida, en el periodo comprendido desde agosto de 2023 hasta enero de 2024 se han producido numerosas inundaciones provocadas por las intensas lluvias que han dejado el suelo anegado en agua, siendo el encharcamiento uno de los daños que más afectan el cultivo del olivo (Orestes- Santos et al., 2024).

Arquero y Serrano (2010) refieren que condiciones prolongadas de encharcamiento o de altos contenidos de humedad en el suelo, pueden provocar daños por asfixia radicular (deficiente oxigenación de las raíces), que pueden llegar a producir la muerte del árbol.

Para mejorar las condiciones del suelo ante el riesgo de inundación, se pueden llevar a cabo acciones como la creación de sistemas de drenaje, ejecución de labores culturales adecuadas, creación de bandas naturales de protección al lado del cauce, reordenación y rotación de cultivos, selección de especies y variedades con mayor resistencia a las inundaciones y mantenimiento de un buen estado fitosanitario de las plantaciones, así como, creación de áreas de inundación controlada y aplicación de mulch como cobertura (Salgado et al., 2019).

3.3. Resiliencia del cultivo de olivo en La Florida

En la Florida la olivicultura ha retomado interés en los últimos años, por lo cual se han establecido nuevos cultivos y se ha despertado el interés científico, económico, ambiental y cultural, a nivel de la región. Los españoles introdujeron por primera vez los olivos en el estado en la década de 1700 y, según la Oficina Agrícola de Florida, ahora hay más de 400 acres de olivos en el estado del sol, que van desde productores comerciales con más de 20 acres hasta aficionados a los patios traseros.

Los olivos han estado creciendo en Florida desde el siglo XVIII. Nativos del Mediterráneo con más de 2.000 cultivares, los jardineros de Florida que viven en todo el estado pueden cultivar un olivo en su paisaje. Lo hacen bien plantados en contenedores grandes, así como en el suelo, y su alta tolerancia a la sal los hace buenas plantaciones para las zonas costeras.

 La mayoría de los cultivares cultivados en Florida pueden tolerar caídas de temperatura de hasta 20° F durante períodos cortos sin protección contra el frío. Los olivos hacen atractivas adiciones a cualquier paisaje y los jardineros tienen el beneficio adicional de cosechar sus frutos.

Aunque la aceituna todavía es un cultivo nuevo para Florida, el Florida Olive Council se formó hace 10 años para promover los cultivos de olivo. Ahora tiene una gran participación en ayudar a lanzar el cultivo de olivos en el Estado del Sol.

El consejo plantó diferentes variedades de aceitunas en cinco Centros de Investigación y Educación del Instituto de Ciencias Agroalimentarias de la Universidad de Florida, para realizar estudios científicos. Además, el equipo de investigadores del Instituto colaborará con el Departamento de Agricultura de EE. UU. E investigadores de Texas y Georgia para comprender mejor los procesos de cultivo del olivo.

En su nueva empresa para reemplazar sus huertos de cítricos con olivares, los agricultores de Florida se alegran de contar con el apoyo de científicos del Instituto de Ciencias Agroalimentarias de la Universidad de Florida.

Keogh no está solo en creer que las aceitunas tienen el potencial de crecer bien en Florida. Varios investigadores dentro del sistema de la Universidad de Florida han pasado la última media década investigando esta pregunta y experimentando también.

"Hasta ahora, las aceitunas han estado relativamente libres de plagas y parecen ser un cultivo sostenible para esta región", Peter Andersen, de la Universidad de Florida, Centro de Investigación y Educación del Norte de Florida, Dijo.

En 2006, la universidad plantó cinco tipos diferentes de variedades de aceitunas: Arbequina, Arbosana, Koroneiki, Manzanillo y Mission. "Se observó una cosecha muy pequeña para Arbequina y Koreneiki durante 2015 ", dijo Andersen. "El primer rendimiento sustancial se produjo para Arbequina durante 2016, con el 38 por ciento de una cosecha completa. Koroneiki y Arbosana tuvieron una cosecha muy pequeña, con 12 por ciento y tres por ciento de una cosecha completa, respectivamente, y Manzanillo y Mission no produjeron ninguna cosecha".

Una investigación similar realizada en la Universidad de Florida en Gainesville apoyó en gran medida los hallazgos de Andersen. UNA en el informe del 2015 describió los suelos arenosos de Florida como un lugar adecuado para el cultivo de olivos.

"Se pueden establecer aceitunas en muchas áreas de Florida en suelos bien drenados", dice el informe. En su isla de tierra arenosa, Keogh planea crecer principalmente Aceitunas arbequinas. También experimentará con Manzanilla y Mission, pero en cantidades mucho más pequeñas.

Florida no es el clima ideal para el cultivo de aceitunas. La temperatura rara vez se enfría lo suficiente como para permitir que los árboles se vuelvan inactivos, lo que les permite producir fruta. Sin embargo, Keogh dijo que para problemas como este, los olivareros deberán ser innovadores.

Según Batra (2016) algunos productores de cítricos comenzaron a cultivar olivos en sus 1granjas. En 2012, Richard Williams se aventuró en el cultivo de olivos y plantó olivos 11,160 en su granja de 20-acres, Florida Olive Systems, Inc. Además de las tres variedades de aceitunas - Arbequina, Arbosana y Koroneiki - plantó 16 otras variedades de olivos en contenedores para observación.

Además, informa que, Florida Olive Farms es otra granja de olivos iniciada en 2012 por los hermanos Jonathan y Stephen Carter. Cuenta con 20,000 olivos, principalmente de la variedad Arbequina, plantados en más de 33 acres de tierra que se espera produzcan su primera cosecha este año.

Si bien hay varios olivares nuevos de alta densidad que están arraigando en Florida, Don Mueller se destaca como un exitoso productor de aceitunas que ha estado vendiendo aceitunas y aceite de oliva de Florida durante más de 10 años, según el Florida Olive Council.

Florida tiene actualmente 300 acres de olivos manejados por unos 50 productores, según el presidente del Consejo, Michael O' Hara García, y la confianza en el cultivo de aceitunas en Florida está creciendo debido al apoyo y el interés de los investigadores de la Universidad de Florida y otros lugares.

Si bien el cultivo del olivo no es para los pusilánimes, dijo Richard Williams, uno de los pioneros del olivo en Florida, "es una nueva oportunidad para reinventarnos después de las catastróficas pérdidas causadas por el enverdecimiento de los cítricos "

Florida es uno de los estados que cultiva olivos para la producción de frutas y aceite. Desde finales de 1700, la Florida Central ha albergado olivos con éxito. Al tolerar temperaturas de hasta 12 grados Fahrenheit, Florida Central ofrece las mejores condiciones de cultivo para las aceitunas. Tres variedades que se desempeñan bien dentro del área son Arbequina, Mission y Manzanillo, que son autopolinizantes y resistentes a enfermedades y plagas. Los olivos crecen bien donde crecen los cítricos. Los árboles son adecuados para crecer dentro de los contenedores y en el suelo y producir fruta en un plazo de tres a 15 años, dependiendo del cultivar.

Logan (2015) refiere que en asociación con profesores e investigadores agrícolas de la Universidad de Florida, un pequeño pero ambicioso grupo de productores de Florida se ha lanzado al mundo del cultivo de olivos y la producción de aceite de oliva. Mientras la industria de los cítricos lucha, el estado está considerando el potencial de la fruta como un cultivo alternativo y lucrativo.

Se ha pensado que factores como la alta humedad, las altas temperaturas, el suelo arenoso y las fuertes lluvias descalifican la región para el cultivo de olivos. Mientras los productores individuales prueban sus manos cultivo de olivos en todo el estado, queda claro cuán grande es el desafío de cultivar la cantidad de fruta en volúmenes que forzarían una impresión en el comercio.

El Instituto de Ciencias de la Alimentación y la Agricultura de la Universidad de Florida ha plantado arboledas en todo el estado y tiene como objetivo abordar algunas de las preguntas más importantes que se plantean para los productores de olivos en los diversos microclimas del sur. Las preocupaciones sobre el medio ambiente, la selección de cultivos y el crecimiento y la cosecha se están examinando como parte de la investigación de la escuela, y el estado tiene la esperanza de que la educación y los estudios adicionales produzcan la promesa de un nuevo cultivo en el futuro.

Martins *et al.*, (2024) realizaron una revisión que proporciona una perspectiva novedosa para abordar los desafíos al cambio climático mediante estrategias de adaptación a largo y corto plazo, haciendo hincapié en productos innovadores, tecnologías avanzadas y soluciones prácticas que deben funcionar de forma sinérgica y adaptarse a las condiciones regionales.

Entre las estrategias a largo plazo hace referencia a estrategias proactivas para una resiliencia climática duradera, que incluyen cultivos de cobertura, acolchados, enmiendas del suelo, y programas de mejoramiento de la salud del suelo mejoran la retención de agua y aumentan la resiliencia de los árboles.

3.4. El mulching como técnica de cultivo en olivares de Olive Land Farms

La granja "Olive Land Farms" está ubicada al norte de La Florida, perteneciente al pequeño poblado de Hastings 32145 (figura 1). Forma parte de la Región del Sur de los Estados Unidos, limita al occidente con el Golfo de México y Alabama, al norte con Alabama y Georgia, al oriente con el océano Atlántico y al sur con el estrecho de Florida.

Figura …mapa de Hasting, La Florida

Otras técnicas de manejo que se aplican con el propósito de mejorar los parámetros nutricionales y de retención de agua del suelo juntamente con la retención del carbono son: triturar los restos de poda y dejarlos en la superficie del suelo, realizar el compostaje y, la utilización de cubiertas vegetales.

En la granja la aplicación de mulch como práctica de manejo presenta aspectos beneficiosos en capturar el dióxido de carbono (CO_2) atmosférico, almacenarlo en el suelo e incrementar el contenido de materia orgánica.

El olivo es un cultivo sensible al exceso de humedad en el suelo y cuando esto sucede las plantas reaccionan con caída de hojas, amarillamiento y poco desarrollo. En zonas con napa freática elevada, como ocurre en el pequeño poblado de Hasting, La Florida, se recomienda trabajar con drenes para tener una mejor oxigenación del suelo.

Figura 11. Suelos de Olive Land Farms

En la granja también es importante evitar la compactación del suelo y mejorar su porosidad, en este sentido se sugiere promover la presencia de lombrices en el suelo, a través de la incorporación de humus y materia orgánica.

El uso de mulch, formado por paja seca y restos de cosecha (cuando se utilizan como cobertura), puede ayudar a mejorar la retención de humedad, regular la temperatura del suelo, reducir el crecimiento de malas hierbas por falta de luz y generar la liberación lenta de nutrientes al descomponerse.

Características de las variedades de olivo que se cultivan en Olive Land Farms (taba 1)

Tabla 1. Resumen de las características de las variedades productividad y aspectos agronómicos.

		Aspectos agronómicos		
Variedad	**Productividad**	**Resistente**	**Sensible**	**Color y características del fruto**
Arbequina	Alta, con precoz entrada en la producción	Frío y salinidad	Clorosis férrica en terrenos muy calizos	Marrón oscuro. Pequeñas, con sabor suave y dulce.
Arbosana	Alta, con buena precocidad y rendimiento	Frio, verticilo, repilo, mosca	Tuberculosis	Verde alimonado. Alto contenido en polifenoles. Sabor suave, dulce con un amargo ligero y picante algo más intenso.
Ascolana	Alta	Frío	Sequía	Verde amarillento con notas de almendra, hueso grande.
Kalamata	Alta	Frío	Verticulosis	Negro violáceo. Alargadas, sabor intenso y textura jugosa
Koroneiki	Alta	Sequía		
Manzanilla	Alta	-	Frío	Verde claro. Pequeñas, redondas, sabor suave y textura firme.

| **Picual** | Alta | Exceso de humedad del suelo | Frío y sequía | Negro a marrón oscuro. Sabor intenso, muy apreciada para aceite de oliva |
| **Taggiasca** | Alta | Exceso de humedad del suelo | Frío y sequía | Verde con reflejos dorados. Sabor dulce y afrutado. |

El cultivo de olivo ha demostrado resistencia a cambios en algunas variables climáticas, es capaz de obtener producciones satisfactorias en circunstancias edafoclimáticas, paisajísticas y de manejo relativamente adversas.

BIBLIOGRAFIA

- Orestes-Santos, E., Valdés-Reinoso, R. H., & Castillo-Edua, C. B. R. (2024). Propuesta de medidas para mitigar daños por encharcamiento en plantaciones de olivo en Olive Land Farms, Florida, EUA. *Revista Latinoamericana De Recursos Naturales*, *20*(1), 10-17. Recuperado a partir de https://revista.itson.edu.mx/index.php/rlrn/article/view/339

- Barranco, Navero D. (2008). Variedades y patrones. In: Barranco, D.; Fernández-Escobar, R.; Rallo, L. eds. El cultivo del olivo. 6a. ed. Madrid, Mundi-Prensa. pp. 84-86.

- Bernal Martínez, J. 2017. Caracterización morfológica y molecular de variedades italianas de olivo (Olea europaea L.) instaladas en el jardín de introducción de INIA Las Brujas. Tesis de Doctorado. Facultad de Agronomia, Universidad de la Republica. Montevideo – Uruguay.

- Lorite IJ, Gabaldón-Leal C, Santos C, Cruz-Blanco M, León L, Porras R, Belaj A, de la Rosa R. 2019. Impacto del cambio climático sobre la agricultura andaluza: Olivar. Instituto de Investigación y Formación Agraria y Pesquera. Consejería de Agricultura, Pesca y Desarrollo Rural. Junta de Andalucía.

- Batra, Sukhsatej (2016). El cultivo de la aceituna se ve como una alternativa prometedora a la enfermiza industria de los cítricos en Florida. Olive Oil Times. Disponible en: El cultivo del olivo visto como una alternativa prometedora a la industria de los cítricos en crisis en Florida - Olive Oil Times

- Martins, S. Pereira, S., Dinis, L. -T y Brito,C.(2024). Mejora de la resiliência del cultivo del olivo : estrategias de adaptación sostenibles a largo y corto plazo para paliar los impactos de cambio climático. Horticulturae, 10(10), 1066. Disponible en: https://doi.org/10.3390/horticultae 10101066

Printed by Books on Demand GmbH, Norderstedt / Germany